AF476388

OBSERVATIONS

SUR LES KIRGHIS,

PAR M. RADLOFF,

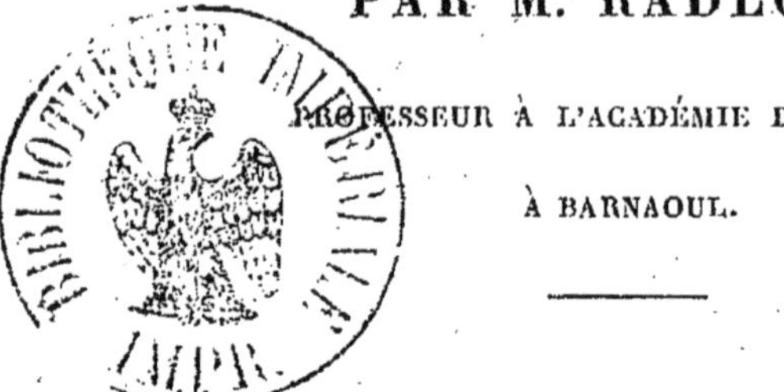

PROFESSEUR À L'ACADÉMIE DES MINES,

À BARNAOUL.

Dans un voyage que je viens de faire au Thian-chan, je me suis occupé particulièrement de l'étude des peuplades turques de la haute Asie, et je crois qu'on accueillera avec intérêt quelques remarques que j'ai été à même de faire sur les Kirghis, peuplade peu connue encore, quoiqu'elle ait joué, du ve au xe siècle, un rôle important dans l'histoire de cette contrée, et soit restée jusqu'à présent la terreur des caravanes qui traversent le Thian-chan.

On appelle communément *Kirghis* tous les peuples qui errent dans les grands steppes de l'Asie moyenne depuis la mer Caspienne jusqu'à la chaîne de l'Altaï, et de la ville d'Omsk jusqu'au khanat de Khokand. Ce nom est tout à fait inconnu à la plupart de ces peuples, qui, depuis que l'histoire parle d'eux, ne se sont jamais désignés eux-mêmes que par le nom de *Khazaks*. Les Khazaks sont soumis en

grande partie à la Russie; ils se divisent en trois hordes : la grande horde (Oulou-djus), au sud du Balkhach (Tenghis-mer) jusqu'au Issik-keul (lac chaud); la horde moyenne (Orta-djus), entre le Balkhach et la ville d'Omsk, et la petite horde (Kitchik-djus), dans la partie occidentale du steppe. Le nom de Kirghis fut donné à ces hordes par les Kosaques russes, qui, ayant trouvé le peuple kirghis dans l'Altaï oriental, comprirent sous cette même dénomination les peuplades khazaks du sud de Sémipalatinsk.

Le seul peuple de la haute Asie qui se nomme lui-même aujourd'hui *Kirghis* habite les montagnes d'Issik-keul et le territoire du khanat de Khokand. Chez nous, en Europe, il est connu sous le nom de *Kirghis noirs* (Kara-Kirghis) que lui donnent aussi ses voisins du sud et les Khazaks. Les Chinois le nomment à présent *Bourout*, de même que les Kalmoucs de la Dsongarie.

Ce nom de Bourout est également inconnu aux Kirghis. Il porte certainement la terminaison plurielle de la langue des Mongols, qui, du reste, aiment à ajouter cette terminaison à des noms de peuples.

C'est ainsi, par exemple, qu'ils ont fait Yakout de Saka ou Yaka. La racine du mot Bourout serait donc Bour, et, en effet, on trouve chez les Kirghis le nom générique[1] Bōr (foie).

L'étymologie que donnent les Kirghis eux-mêmes

[1] J'entends par nom générique ou patronymique celui qui, dans une même peuplade, est porté par plusieurs familles, dont il sert

à leur nom est plus originale que croyable. Chaque peuple s'efforce de trouver une signification dans les sons qui forment son nom, et, lorsqu'il y est parvenu, l'imagination populaire se charge bientôt de justifier comment et pourquoi il porte ce nom, et pas un autre. Les Kirghis disent que leur nom signifie quarante filles (*kirk kize*) et toutes leurs traditions, qui sont nombreuses, ne sont que des variantes de ce thème. En voici une :

Il y avait autrefois, racontent-ils, un khan qui avait une fille. Cette princesse avait auprès d'elle quarante jeunes filles qui partageaient ses jeux. Elle aimait à faire de longues excursions dans lesquelles elle se faisait escorter par ses compagnes. Un jour ces jeunes filles, en revenant d'une de ces excursions, trouvèrent les habitations de leurs pères désertes, les aouls détruits; il ne restait de traces ni des hommes ni des immenses troupeaux qu'elles avaient quittés si peu de temps auparavant; les ennemis avaient tout emmené avec eux. En scrutant les environs, elles découvrirent enfin un chien rouge, et faute d'un autre compagnon, nos dames se contentèrent de celui-là. Quel rôle joua ce chien parmi elles? c'est ce que je ne me chargerai pas d'expliquer; mais la tradition ajoute qu'un an après la petite colonie était doublée. Les descendants de ces

à désigner l'origine commune. Ces noms se conservent rigoureusement de génération en génération, et peuvent servir d'indice, ainsi que je le démontrerai plus loin, pour distinguer les éléments nombreux et hétérogènes dont se sont formés les peuples de l'Altaï.

quarante jeunes filles prirent, pour honorer la mémoire de leurs aïeules, le nom de *Kirghis*.

Au cinquième siècle [1], nous trouvons les Kirghis dans une contrée tout autre; ils habitent les rives du Iénisseï et les montagnes Sayanes. Les écrivains chinois de cette époque les nomment *Kian-kouen*, du nom de ce fleuve, et les dépeignent comme ayant les cheveux blonds et les yeux bleus. Cette description fait supposer à plusieurs savants que ce peuple était d'origine indo-germanique. Les Kian-kouen ou Hakas, comme on les nommait aussi peu de temps après, étaient tributaires des Ouïgours. Mais vers la moitié du septième siècle, les Kirghis, étant devenus plus puissants, se dirigèrent vers le sud, attaquèrent les Ouïgours et étendirent leur territoire jusqu'à la frontière du Tangout (Thibet). Ils firent alors alliance avec la Chine. Les siècles suivants sont remplis par une série de combats acharnés entre les Ouïgours et les Kirghis. Ces derniers y montrent déjà cette force corporelle et cette férocité qui les distinguent encore de nos jours. Au huitième siècle, les Ouïgours, d'abord partout repoussés et en partie soumis par les Kirghis, réparent bientôt leurs forces épuisées, font à leur tour alliance avec la Chine, battent leurs implacables ennemis, et les rejettent vers le nord. Au neuvième siècle, les Kirghis attaquent de nouveau les Ouïgours, et,

[1] Klaproth, *Mémoires relatifs à l'Asie*, tableaux historiques. Abel Rémusat, *Recherches sur la ville de Karakoroum*, *Recherches sur les langues tatares*. Ritter, *Erdkunde*, vol. II, *über die Hakas*.

après une lutte violente de vingt années, détruisent leur puissance et exterminent la famille de leur roi.

Les Chinois, pendant toutes ces guerres, avaient été les amis du parti victorieux et s'étaient toujours efforcés d'exciter la reprise des hostilités, soit en procurant des ressources au plus faible, soit en trompant celui à qui était resté l'avantage. Fidèles cette fois encore à ce principe, ils réunirent de nouveau les Ouïgours dispersés, leur donnèrent les moyens de vaincre les Kirghis, qui durent se retirer définitivement au nord, et nous retrouvons, vers la moitié du dixième siècle, une nouvelle dynastie de rois ouïgours sous le patronage des Chinois. A dater de cette époque la puissance des Kirghis se concentra dans le Iénisseï et s'étendit jusqu'au milieu de l'Altaï. Sous la dynastie mongole (Youen), les Chinois, en portant leurs frontières vers le nord, eurent naturellement occasion de faire de nouveau connaissance avec ces peuplades, et leurs historiens racontent qu'elles possédaient deux villes, Kian-tchéou et Ilan-tchéou. Elles restèrent jusqu'au XVIIe siècle dans cette contrée, où les Kosaques russes les trouvèrent encore, et la lutte terrible que ceux-ci eurent à soutenir contre elles prouve assez que le temps n'avait point diminué leur férocité. Elles durent enfin se retirer au sud; mais jusqu'au siècle dernier nous les voyons faire des courses dans l'Altaï méridional. Les Téléoutes de cette contrée m'ont montré plusieurs endroits où leurs pères avaient livré aux Kirghis des combats dont ils étaient sortis vainqueurs.

La dernière incursion qu'ils firent dans l'Altaï, me raconta un Téléoute de l'Ourousoul, eut lieu en automne. Il était tombé beaucoup de neige pendant la nuit, et les Téléoutes, voyant les Kirghis sans souliers de neige[1], comprirent dans quelle situation périlleuse ils s'étaient engagés, se jetèrent sur eux et les tuèrent presque tous. Quelques-uns seulement parvinrent à s'enfuir en étendant leurs couvertures de feutre sur la neige, afin d'y marcher sans enfoncer.

Depuis ce temps les Kirghis ont entièrement disparu de l'Altaï. On a cru qu'ils s'étaient retirés au sud jusqu'au Thian-chan. Cependant mon opinion est que la plus grande partie d'entre eux s'est dispersée parmi les peuplades voisines (les Téléoutes de l'Altaï et les Soyous) et qu'un très-petit nombre émigra au delà du Noor-saïsan, chez les nomades turcs (Khazaks) de cette contrée.

Quoi qu'il en soit, c'est au Thian-chan que je trouve, je le répète, le seul peuple kirghis, et l'on croit qu'il y est venu du nord de l'Altaï. Pourtant je n'ai trouvé nulle trace de cette migration dans les souvenirs populaires. Un événement de cette importance et qui ne remonte qu'à deux siècles devrait occuper une large place dans les traditions

[1] Grands patins en bois, longs d'un mètre environ, à l'aide desquels les habitants de la Sibérie glissent sur la neige durcie par le froid.

nationales; mais elles ne le mentionnent même pas, tandis que toutes, au contraire, parlent du sud et de l'ouest de l'empire de Khokand. Néanmoins les Kirghis ne sont pas originaires de cette dernière contrée; tous les autres peuples musulmans les méprisent et ne veulent pas avoir de relations avec eux; ni les Khazaks, ni les Sarts de Khokand, ni les Tatares de Kachgar (Ouïgours, *Khou-za* en chinois) ne les regardent comme frères; eux-mêmes, en se donnant pour aïeul un chien, semblent reconnaître qu'il n'existe aucune parenté entre eux et leurs voisins. A la vérité, cette fable du chien rouge pourrait n'être qu'une variante de celle du loup auquel plusieurs peuples de la haute Asie prétendent également, dans leurs traditions, devoir leur origine. Je citerai notamment les Mongols avec leur Burtétchino (loup gris) et la louve des Tou-kiou au lac de Si-Haï.

Peut-être les Kirghis ne doivent-ils aussi qu'au hasard le nom qu'ils portent et sont-ils un peuple tout autre que celui qui habitait jadis le Iénisseï.

Cependant, quoique ces nomades noirs, dont on ignore l'histoire et la patrie primitive, aient une grande ressemblance extérieure avec les Khazaks, et qu'il ne reste guère en eux de traces de ces hommes aux yeux bleus et aux cheveux blonds dont parlent les historiens chinois, il faut les accepter pour les descendants des Kian-Kouen ou des Hakas. L'absence de traditions ne nous permet en effet de constater qu'une chose, c'est qu'un grand nombre de siècles s'est écoulé depuis que les Kirghis se sont séparés des Hakas, et que peut-être, durant ce long espace de temps, ils ont perdu, au milieu des peuplades turques et mongoles dont ils étaient entourés, leur type original, de même qu'en embrassant l'islam ils ont perdu leurs mœurs primitives.

En examinant les noms génériques des Kirghis noirs j'en ai trouvé cinq que j'avais déjà rencontrés chez les Téléoutes de l'Altaï occidental, ce qui prouve évidemment qu'il a existé des relations entre ces peuplades. Ces cinq noms génériques sont : Teuleus, Moundous, Sarou, Toro, Koutschou.

Certainement les cinq familles qui portent ces noms sont des restes du peuple kirghis, qui se sont confondus avec les peuples de l'Altaï aux XVIIe et XVIIIe siècles. Le premier de ces noms est le plus intéressant. L'histoire de la conquête de la Sibérie mentionne souvent une peuplade de Teuleus qui vivait auprès du lac de Teletsk (Altin-keul, lac d'or, comme le nomment les habitants) auquel elle finit même par donner son nom. Ce peuple Teuleus a donc laissé des traces chez les Téléoutes de l'Altaï, d'une époque antérieure au XVIIe siècle, et puisque le même nom se rencontre chez les Kirghis noirs, il est probable que ces deux peuples (les Teuleus de l'Altaï et les Teuleus du Thian-chan) sont d'une même origine, c'est-à-dire des Hakas du Xe siècle. Il est fait mention des Teuleus bien avant la destruction de l'empire kalmouc, qui amena de nombreux changements dans la résidence des peuples de la haute Asie. Mais après ce grand événement historique, des relations durent continuer d'exister entre les peuples de l'Altaï et les Kirghis du Thian-chan, ainsi que l'indique par exemple le nom générique de *Bourout*, qui se rencontre chez les Téléoutes, où il n'a pu être porté que par les Kalmoucs, qui désignaient les Kirghis sous le nom de *Bourout.*

Les Kirghis noirs habitent le Thian-chan depuis une époque déjà reculée, puisque les auteurs chinois de la période des Youen (1259) parlent d'hommes nommés *Kirghis*, résidant à la station postale Ma-atchoung, qui peuvent porter des fardeaux lourds (Ritter, II, 1120).

Nous pouvons donc tirer de ce qui précède les conclusions suivantes. Lorsque les peuplades kirghis du Iénisseï (les Hakas) furent rejetées au nord, au xe siècle, la moitié s'enfuit à l'ouest jusqu'aux montagnes du Thian-chan, et les Kirghis noirs actuels en descendent. Le reste, qui retourna au xe siècle au Iénisseï, se mêla aux peuplades voisines, aux Téléoutes de l'Altaï et aux Soyous, et se répandit encore sur le steppe du haut Iutiche.

Quant à l'origine des Kirghis, je n'ose rien affirmer. Klaproth et avec lui Abel Rémusat les classent parmi les cinq peuplades de race germanique; d'autres auteurs, au contraire, les croient d'origine finnoise, et d'autres enfin de race turque. La langue que parlent les Kirghis actuels est un dialecte purement turc, et qui offre même une si grande ressemblance avec le dialecte parlé dans l'Altaï, qu'ayant, pour mon compte, contracté l'accent particulier à ce dernier dialecte, je fus bien plus facilement compris par les Kirghis noirs, que je voyais pour la première fois, que par les Khazaks. Le nom de la ville de Jilan Tchéou (ville de serpent), dont les auteurs chinois font mention, prouve aussi que les Kirghis du Iénisseï parlaient, dès ce temps, un dialecte turc.

Les Kirghis noirs se divisent en deux parties :

1° Celle de droite : *One;*

2° Celle de gauche : *Sol.*

Les *One* se divisent en six tribus :

1° La tribu Bougou (*cerf*), qui est soumise à la Russie et erre entre le fleuve Tékesse et la partie orientale du lac Issik-keul. Chez cette tribu, on m'a nommé les familles suivantes :

1. Tsélek (famille des *manaps* ou princes).
2. Torgoï.
3. Bapa.
4. Jelden.
5. Takabaï.
6. Bor.
7. Deuleus (peu nombreuse).
8. Kongrat (peu nombreuse).
9. Mongouldour (peu nombreuse).
10. Saïak (peu nombreuse).
11. Chykmaïat.
12. Kaba.
13. Assan Toukoum.
14. Aryk Toukoum (soumise à la Chine).
15. Kutchuk (soumise à la Chine).
16. Sériké (soumise à la Chine).
17. Ondou (soumise à la Chine).

2° La tribu Sari-Baghiche (*élan jaune*), qui erre au nord et à l'ouest du lac Issik-keul. Elle est soumise au Khokand ; mais toutes les fois que des troupes russes se montrent sur l'Issik-keul, elle est prête à reconnaître l'autorité de la Russie ; cependant, comme il n'y a pas, dans cette partie des steppes, de forts russes pour les protéger contre le prince du Khokand, les Sari-Baghiche continuent à payer tribut au khan de ce dernier pays. On m'en a nommé les familles suivantes :

1. Sarou.
2. Kaba.
3. Mongouldour.
4. Chykmamat.
5. Saïak.
6. Assik.
7. Deuleus.
8. Kongrat.
9. Moundous.
10. Kitaï.
11. Yétighén.

3° La tribu Soltou erre dans les environs du fleuve Tchou et est soumise au Khokand. On m'en a nommé les familles suivantes :

1. Yétighén.
2. Koutschou.
3. Sarou.
4. Mongouldour.
5. Kitaï.
6. Moundous.
7. Assyk.

4° La tribu Édighéné, au fleuve Andjau, soumise au Khokand. Les noms de familles sont :

1. Deuleus.
2. Sarou.
3. Koograt.
4. Mongouldour.
5. Moundous.
6. Saïak.
7. Kaba.
8. Chykmamat.

5° La tribu Tchoug-Baghiche (*grand élan*), à l'ouest

de la ville de Kachgar, soumise au Khokand. Noms de familles :

1. Ackaly.
2. Toro.
3. Matschak.
4. Uche Tamga.
5. Kandabas.
6. Khoche Tamga.
7. Kouan-douan.

6° La tribu Tchérik (*armée*), soumise au Khokand, avec les noms de familles :

1. Ak Tchoubak.
2. Baï Tchoubak.

Les *Sol* errent le long du fleuve Talas et renferment les familles suivantes :

1. Sarou.
2. Béche Béren.
3. Moundous.
4. Teungteurup.
5. Koutchou.
6. Kurkuren.
7. Yétighen.

La tribu Bougou, la seule que j'ai visitée, est, à présent, tout à fait soumise à la Russie ; elle compte plus de dix mille yourtes, qui campent entre la frontière chinoise, à l'ouest du fleuve Tékés, et le lac Issik-keul, dans la partie la plus méridionale du steppe russe. La possession de ce territoire n'est pas encore consentie par la Chine, car la frontière entre ces deux grands empires n'a pas été, jusqu'ici, définitivement réglée ; mais les Russes ne le regardent pas moins, dès à présent, comme leur étant acquis, attendu que ce territoire appartenait aux nomades, qui se sont tous soumis volontairement à la Russie.

Une commission a été néanmoins nommée par les gouvernements de Pékin et de Saint-Pétersbourg pour décider cette question; mais les Chinois, afin de simplifier sans doute le travail de leurs délégués, envoyèrent, au printemps dernier, un détachement de mille hommes à l'Issik-keul pour forcer les peuplades de cette contrée à reconnaître l'autorité du Céleste-Empire. Mais, à l'approche d'un piquet de deux cents hommes de troupes russes, ils se hâtèrent de se retirer, et ne purent ramener à eux qu'un petit nombre de familles, celles des Arik-toukoum, des Koutchouk, des Oudone et des Sériké, obéissant au *Bi* (sultan) Toksobo.

Les Kirghis noirs, de même que les Khazaks de la grande horde, ne payent point d'impôts en argent à la Russie; ils ne sont tenus qu'à fournir des chevaux et des chameaux pour le transport des approvisionnements des forts et des détachements. Le commandant militaire pour la grande horde et pour les Kirghis noirs réside à Vernoïé (Almaty). Il n'a d'autres fonctions que de décider les contestations entre les diverses hordes, de maintenir la paix parmi les Kirghis et de juger leurs plaintes contre leurs *Manaps* ou *Bi.* L'administration intérieure est entre les mains de ces derniers, qui, assure-t-on [1] généralement, ne seraient que de simples fonctionnaires

[1] Les Khazaks m'ont dit que les Kirghis auraient reçu l'épithète de *noirs*, parce qu'il n'existe pas chez eux une classe noble; je rappellerai seulement que les Khazaks nomment leurs nobles «os blancs» et le bas peuple «os noir.» — A mon avis, le nom de *kara* (noir) leur a été donné parce qu'ils ont refusé pendant longtemps

nommés à vie, tandis que les Kirghis m'ont affirmé maintes fois, au contraire, que leurs *Manaps* jouissent de l'hérédité comme les sultans des Khazaks et appartiennent tous à la famille Tsélék.

Chacun de ces Bi a la direction d'un certain nombre de familles; il y exerce les fonctions administratives et judiciaires. Ils peuvent se réunir en assemblée, mais seulement pour traiter les affaires qui concernent les sujets de différents Bi, ou bien encore celles d'un intérêt général. Ces assemblées sont présidées alors par l'Aga-manap (grand Manap), qui, d'après la loi nationale, n'a aucune autorité par lui-même et ne peut rien faire sans l'assistance des *Bi* et *Manaps*. La nomination de tous ces fonctionnaires est sanctionnée par le gouvernement russe, qui leur donne, après quelques années de service, ou des médailles, ou un grade d'officier dans la cavalerie. L'Aga-manap est ordinairement major.

A la mort de l'Aga-manap Katchibaï, le gouvernement refusa de donner cette charge à son fils, sans doute parce qu'il le trouvait trop jeune, et il en investit Savi-Bek, homme d'un caractère dur et violent, qui voulut secouer la tutelle des Bi et agir sans leur concours. Il en résulta, au printemps dernier, quelques troubles qu'apaisa bientôt, heureusement, la présence du détachement de Cosaques qui avait chassé les Chinois de l'Issik-keul, et, aujourd'hui, la tranquillité est entièrement rétablie.

d'embrasser le mahométisme, et les musulmans nomment les non-croyants *kara kapir,* « noirs infidèles. »

Les bienfaits d'un gouvernement régulier se font déjà sentir parmi ces tribus éloignées. La férocité propre au caractère kirghis semble céder elle-même à cette heureuse influence, et les Bougous, d'après les récits des marchands, se distingueraient déjà beaucoup à cet égard de leurs concitoyens. La guerre que cette tribu soutenait contre la grande horde est à peu près terminée; les quelques actes de pillage qui se produisent encore de part et d'autre sont conciliés par une sorte de tribunal, composé de Bi kirghis et de Sultans khazaks. Entre les Bougous et les Sari-Baghiche, les hostilités durent encore, il est vrai; mais, de la part des premiers, elles se réduisent à une simple défensive, et les caravanes de marchands parcourent ces contrées presque en sécurité.

Les Kirghis, par la disposition de leurs habitations, montrent qu'ils sont restés un peuple guerrier. Les Khazaks des trois hordes éparpillent leurs yourtes sur toute l'immense étendue du steppe, et il est rare d'en rencontrer plus d'une vingtaine à une même place; les Kirghis, au contraire, rangent les leurs dans une même vallée, où elles forment une ligne de plusieurs verstes; jamais chez eux on ne voit de yourtes isolées. Si l'ennemi se présente, plusieurs milliers d'hommes sont ainsi toujours prêts à défendre leurs troupeaux.

La nature gigantesque du pays permet aussi ce mode de campement. Entre les chaînes de montagnes qu'il renferme, s'étendent de vastes plateaux couverts d'un tapis de verdure et qui peuvent nourrir des milliers de bestiaux.

Le Kirghis est sombre, rude et violent, mais il a plus de sincérité et de bonhomie que le Khazak. Il fait la guerre, mais il ne vole pas. L'hospitalité est sacrée pour lui, et jamais il ne dépouillera un hôte. De même aussi que la nature du pays qu'il habite est sans variété, que partout on trouve les mêmes chaînes de montagnes gigantesques recouvertes de neiges éternelles, les mêmes plaines déroulant à l'infini leur verdure uniforme, de même se retrouve chez lui un seul et même caractère typique. Le riche ne s'y distingue pas du pauvre, non plus que le maître du serviteur: les uns et les autres ont la même éducation, le même développement d'esprit, les mêmes yourtes et les mêmes vêtements; seulement, la yourte du riche est plus vaste, les vêtements sont plus ornés.

Comme la plus grande partie des Khazaks, les Kirghis ne sont musulmans qu'extérieurement, c'est-à-dire qu'ils se rasent la tête, égorgent le bétail qu'ils tuent, afin de ne pas manger le sang, et ont pour le cochon une grande aversion. La polygamie est commune chez eux, mais leurs femmes ne se cachent pas devant les hommes. Ils répètent encore de temps en temps quelques phrases arabes, font les ablutions avant et après le repas, et se passent la main sur la barbe lorsqu'ils ont fini de manger. C'est à cela que se bornent toutes leurs pratiques religieuses; ils ne disent pas de prières, n'ont pas de prêtres, pas de mosquées, ne possèdent pas la moindre idée des préceptes de leur religion, et on rechercherait en vain parmi eux le fanatisme particulier aux vrais croyants.

Les Kirghis ont pour la musique un talent naturel très-remarquable. J'ai eu occasion d'entendre chez eux quelques artistes réellement distingués, et deux particulièrement, dont l'un jouait de la trompette, l'autre du violon. Ils jouaient d'inspiration et avec une pureté remarquable, surtout le violoniste, qui exécutait même sur son instrument des variations assez agréables.

Les Kirghis ont un répertoire nombreux de chansons, qu'ils chantent en s'accompagnant d'une sorte de guitare à deux cordes; mais la plupart de leurs chants ne sont que de simples improvisations, et les improvisateurs kirghis sont renommés même chez leurs voisins les Khazaks, où on les invite à toutes les fêtes. Il est extrêmement curieux de les entendre improviser, en vers bien nets et très-purs, de longues chansons sur quelque sujet qu'on leur donne, sans paraître ni hésiter ni chercher, et varier leurs thèmes par des plaisanteries dirigées contre quelques-uns des spectateurs. Ils y mêlent, en finissant, des éloges ou des compliments qu'ils savent tourner de façon que les cadeaux leur arrivent de tous côtés, et jamais ils ne reviennent chez eux sans avoir les mains pleines.

Il y a chez les Kirghis un poëme intitulé *Manas*, dont je me suis fait dicter une partie. Ce poëme ne manque ni d'intérêt ni de beautés poétiques; mais cela m'entraînerait trop loin d'en parler ici en détail. Quant à leurs airs nationaux, je n'y trouve rien d'européen, quoi qu'en dise le voyageur kirghis Sultan Walikhanoff.

Comme tous les nomades, les Kirghis ont pour principale occupation l'élève du bétail, qui est aussi en quelque sorte leur unique moyen d'existence. Leurs troupeaux les obligent à changer constamment de résidence. L'été, où la chaleur et les insectes tourmentent beaucoup le bétail, ils habitent les contrées les plus élevées de l'est, dans les plaines de Karkari jusqu'au Tékés. L'hiver, ils reviennent vers l'ouest et ont leurs habitations au bord de l'Issik-keul. Les principaux bestiaux qu'entretiennent les Kirghis sont les chevaux, les chameaux, les moutons, les chèvres, les bœufs et les vaches; mais les chevaux et les moutons sont beaucoup plus nombreux que les bêtes à cornes et les chameaux. Ils n'entretiennent de ces derniers que pour leur usage propre, tandis que les moutons forment leur principal objet de commerce avec le Khokand, et qu'ils vendent aux Russes des chevaux en assez grande quantité.

Le bétail seul fournit leur nourriture d'été. Ils mangent relativement très-peu de viande et principalement du mouton. Ils ne tuent des chevaux que pour leurs grandes fêtes, et détestent le bœuf. Mais c'est de lait sous différentes formes, quoique toujours fermenté, qu'ils se nourrissent presque exclusivement. La boisson favorite du nomade d'Asie, le koumis, se fait aussi avec du lait de jument. Leur religion ne les empêche pas de faire, de même que tous les habitants de l'Altaï et tous les nomades mongols, avec le koumis une sorte d'eau-de-vie (arak), et la plupart d'entre eux sont ivres pendant presque tout l'été.

L'agriculture n'est, chez les Kirghis, qu'une occupation secondaire; cependant ils s'y adonnent plus que leurs voisins les Khazaks. Dans les contrées de leur séjour d'hiver (au lac Issik-keul), ils cultivent d'immenses terrains; des ouvriers ou des esclaves (qui ne sont qu'en petit nombre) y restent pendant que la masse de la tribu se rend dans les montagnes de l'ouest. Ces ouvriers ne reçoivent pas de gages, mais une part du produit net. Les longues sécheresses de l'été obligent à arroser les champs à l'aide de canaux qui exigent beaucoup de travail. La récolte faite en automne sert à la nourriture d'hiver.

Chez ce peuple, l'industrie est extrêmement bornée. La fabrication du feutre (kis) et le tissage d'une étoffe qui se fait avec le poil du chameau ont seuls acquis un certain développement et sont même exercés à peu près généralement. Tous les autres métiers, comme par exemple le travail du fer et de l'argent, sont isolés et exercés par un très-petit nombre d'individus.

Tous les produits dont les Kirghis ont besoin leur sont procurés par le commerce. Le Khokand et la Boukharie leur fournissent des étoffes de soie ou de coton et même des vêtements tout confectionnés en échange de moutons. Les Russes leur apportent des ustensiles de ménage, comme chaudrons, théières, et du thé en briques qu'ils achètent eux-mêmes à Khouldja. Mais jamais les Kirghis ne provoquent ces échanges en conduisant eux-mêmes leurs bestiaux chez leurs voisins; il faut leur apporter chez eux toutes les marchandises, et ils payent, par suite, chaque chose le double de sa valeur.

On voit, par ce rapide aperçu, que ce peuple est aujourd'hui à un degré de culture qui, peut-être, est de beaucoup inférieur à celui où il se trouvait il y a mille ans, ce qu'on ne saurait attribuer qu'à la vie nomade, qui maintient un peuple dans l'abrutissement, sans lui permettre aucun progrès.

FIN.

PARIS. — IMPRIMERIE IMPÉRIALE. 1864.

www.ingramcontent.com/pod-product-compliance
Ingram Content Group UK Ltd.
Pitfield, Milton Keynes, MK11 3LW, UK
UKHW020231200726
13856UKWH00004B/1709